Sitzungsberichte
der Heidelberger Akademie der Wissenschaften
Mathematisch-naturwissenschaftliche Klasse

Die Jahrgänge bis 1921 einschließlich erschienen im Verlag von Carl Winter, Universitätsbuchhandlung in Heidelberg, die Jahrgänge 1922—1933 im Verlag Walter de Gruyter & Co. in Berlin, die Jahrgänge 1934—1944 bei der Weißschen Universitätsbuchhandlung in Heidelberg. 1945, 1946 und 1947 sind keine Sitzungsberichte erschienen.

Ab Jahrgang 1948 erscheinen die „Sitzungsberichte" im Springer-Verlag.

Inhalt des Jahrgangs 1953/55:

1. Y. Reenpää. Über die Struktur der Sinnesmannigfaltigkeit und der Reizbegriffe. DM 3.50.
2. A. Seybold. Untersuchungen über den Farbwechsel von Blumenblättern, Früchten und Samenschalen. DM 13.90.
3. K. Freudenberg und G. Schuhmacher. Die Ultraviolett-Absorptionsspektren von künstlichem und natürlichem Lignin sowie von Modellverbindungen. DM 7.20.
4. W. Roelcke. Über die Wellengleichung bei Grenzkreisgruppen erster Art. DM 24.30.

Inhalt des Jahrgangs 1956/57:

1. E. Rodenwaldt. Die Gesundheitsgesetzgebung der Magistrato della sanità Venedigs 1486—1550. DM 13.—.
2. H. Reznik. Untersuchungen über die physiologische Bedeutung der chymochromen Farbstoffe. DM 16.80.
3. G. Hieronymi. Über den altersbedingten Formwandel elastischer und muskulärer Arterien. DM 23.—.
4. Symposium über Probleme der Spektralphotometrie. Herausgegeben von H. Kienle. DM 14.60.

Inhalt des Jahrgangs 1958:

1. W. Rauh. Beitrag zur Kenntnis der peruanischen Kakteenvegetation. DM 113.40.
2. W. Kuhn. Erzeugung mechanischer aus chemischer Energie durch homogene sowie durch quergestreifte synthetische Fäden. DM 2.90.

Inhalt des Jahrgangs 1959:

1. W. Rauh und H. Falk. Stylites E. Amstutz, eine neue Isoëtacee aus den Hochanden Perus. 1. Teil. DM 23.40.
2. W. Rauh und H. Falk. Stylites E. Amstutz, eine neue Isoëtacee aus den Hochanden Perus. 2. Teil. DM 33.—.
3. H. A. Weidenmüller. Eine allgemeine Formulierung der Theorie der Oberflächenreaktionen mit Anwendung auf die Winkelverteilung bei Strippingreaktionen. DM 6.30.
4. M. Ehlich und M. Müller. Über die Differentialgleichungen der bimolekularen Reaktion 2. Ordnung. DM 11.40.
5. Vorträge und Diskussionen beim Kolloquium über Bildwandler und Bildspeicherröhren. Herausgegeben von H. Siedentopf. DM 16.20.
6. H. J. Mang. Zur Theorie des α-Zerfalls. DM 10.—.

Inhalt des Jahrgangs 1960/61:

1. R. Berger. Über verschiedene Differentenbegriffe. DM 8.40.
2. P. Swings. Problems of Astronomical Spectroscopy. DM 3.50.
3. H. Kopfermann. Über optisches Pumpen an Gasen. DM 5.80.
4. F. Kasch. Projektive Frobenius-Erweiterungen. DM 6.—.
5. J. Petzold. Theorie des Mößbauer-Effektes. DM 13.80.
6. O. Renner. William Bateson und Carl Correns. DM 4.—.
7. W. Rauh. Weitere Untersuchungen an Didiereaceen. 1. Teil. DM 43.80.

Sitzungsberichte der Heidelberger Akademie der Wissenschaften
Mathematisch-naturwissenschaftliche Klasse

Jahrgang 1974, 3. Abhandlung

Th. Nemetschek

Biosynthese und Alterung von Kollagen

Mit 11 Abbildungen

(Vorgelegt in der Sitzung vom 5. Juli 1974)

Springer-Verlag Berlin Heidelberg New York 1974

ISBN-13: 978-3-540-06923-2 e-ISBN-13: 978-3-642-46308-2

DOI:10.1007/ 978-3-642-46308-2

Universitätsdruckerei H. Stürtz AG, Würzburg

Herrn Professor Dr.

WILHELM DOERR

Präsident der Akademie der Wissenschaften
zu Heidelberg
zur Vollendung des 60. Lebensjahres (25. 8. 1974)
in Verehrung gewidmet

Biosynthese und Alterung von Kollagen

Th. Nemetschek

Pathologisches Institut der Universität Heidelberg

Zusammenfassung

Es wird ein Überblick über die Biosynthese von Kollagen und einer Reihe von für die Stabilisierung dieser Eiweißfaser bedeutungsvollen Quervernetzungen gegeben. Ferner war das Ziel dieser Betrachtungen, darauf hinzuweisen, daß der mit einer Zunahme intermolekularer Brückenbindungen verbundene Alterungsprozeß von Kollagen kein störender Ablauf, sondern vielmehr unter Mitwirkung sinnvoller Regelmechanismen den jeweiligen physiologischen Erfordernissen angepaßt ist.

Das Skleroprotein Kollagen hat Faserstruktur und ist ein wesentlicher Bestandteil der Haut, der Sehnen, der organischen Grundsubstanz von Hartgeweben und ist schließlich als fein verästeltes Netzwerk fast überall im Extracellularraum höherer Organismen anzutreffen. Ja, man kann sagen, daß zumindest die Vorstufe des fibrillär geordneten Kollagens, das Kollagenmonomer, überall im mesenchymalen Gewebe vorliegt. Deshalb sind es auch die Kollagenfibrillen, die bei jeder Verletzung in die zerstörten Gebiete hineinwachsen. Die Fibrillenbildung ist daher ein wichtiger Prozeß bei der Wundheilung. Ebenso sind es Kollagenfibrillen, die als Folge bestimmter Fremdkörperreaktionen z.B. bei der Entstehung von Staubgranulomen, eine wichtige Rolle spielen.

Die Vorstufe des Kollagenmonomers, das Prokollagen, wird in Bindegewebszellen, den Fibroblasten (Abb. 1), synthetisiert und zwar unter Mitwirkung spezifischer Synthetasen und Polymerasen an im Cytoplasma angeordneten Polysomen; das sind Gruppen von ~ 150 Å großen, ribonucleinsäurehaltigen Körnchen (Ribosomen), die an einem Boten- oder Messenger-RNS-Faden aufgereiht sind (s. Abb. 2). Bei der Kondensation der Aminosäuren nach dem Peptidprinzip liegt eine Besonderheit vor bezüglich des Einbaues der für Kollagen charakteristischen Iminosäure Hydroxyprolin. Und zwar findet bei der Peptidkettenbildung grundsätzlich nur die nicht hydroxylierte Vorstufe, also das Prolin, Verwendung, während die Hydroxylierung eines bestimmten Teils dieser Reste erst an bereits zu Dreierschrauben verdrillten Ketten erfolgt (Abb. $2_{(6)}$), wodurch

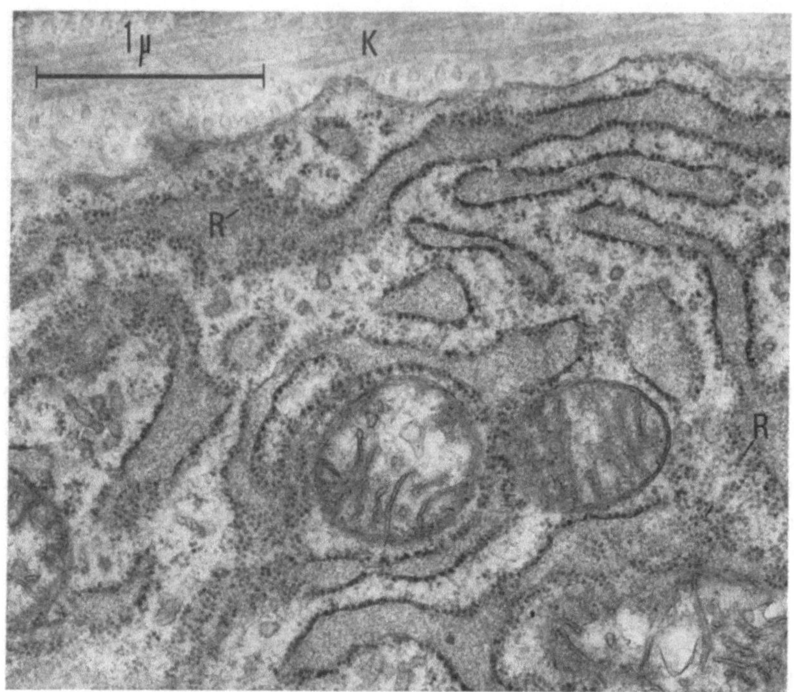

Abb. 1. Ausschnitt aus einer Bindegewebszelle mit im Cytoplasma angeordneten Ribosomen (R). K: Kollagenfibrillen im Längs- und Querschnitt

gleichzeitig der Übergang von Prokollagen zum Kollagenmonomer gegeben ist. Die Verdrillung der Einzelketten zu Dreierschrauben soll nach neueren Ergebnissen unter Mitwirkung N-terminaler Registerpeptide (Goldberg *et al.*, 1972) erfolgen, die anschließend durch eine spezifische Prokollagen-Peptidase abgespalten werden. Die Hydroxylierung der Aminosäurereste erfolgt durch eine Hydroxylase (Peterkofsky u. Udenfriend, 1965; Olsen *et al.*, 1973), die neben Sauerstoff, Askorbinsäure, Fe^{2+}-Ionen und α-Ketoglutarsäure als Kofaktoren benötigt. Es ist nicht bekannt, weshalb die Hydroxylierung der Prolinreste erst an der Dreierschraube erfolgt, noch weshalb nur ein bestimmter Anteil dieser Reste umgewandelt wird. Es kann jedoch als sicher gelten, daß dieser Vorgang mit der Stabilisierung dieses Biopolymers zusammenhängt und zwar insbesondere nach Hydroxylierung der Reste in Position 3 der Aminosäuresequenzen (Ward u. Masson, 1973). Möglicherweise spielen hierbei auch stereochemische Bedingungen eine Rolle, weshalb davon ausgegangen wird, daß die OH-Gruppen dieser Iminosäuren erst unter Einbeziehung von Wassermolekülen über Wasserstoffbrücken in Wechselwirkung treten können (Ramachandran *et al.*, 1973).

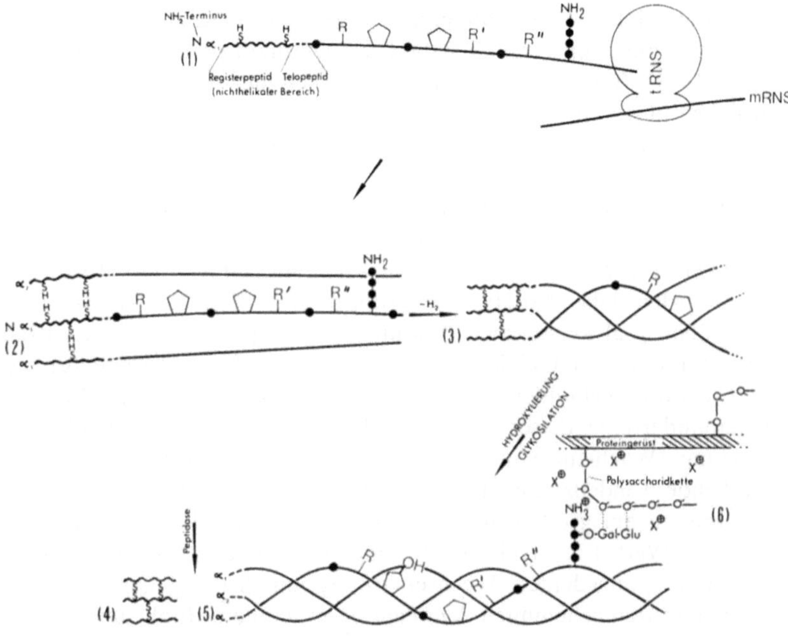

Abb. 2. Schematische Darstellung der Biosynthese von Kollagenmonomeren. (1) ribosomale Aminosäurekondensation zu α_1- und α_2-Prokollagenketten. (2) Intermediärphase mit Vernetzung der Registerpeptide über S—S-Brücken. (3) Verdrillung zur Dreierschraube. (4) Abspaltung der Registerpeptide durch eine Prokollagenpeptidase. (5) Hydroxylierung von Prolin und Lysin mit nachfolgender glykosidischer Anknüpfung eines Disaccharides am Hydroxylysin. (6) Wechselwirkungen über Wasserstoffbrücken und hydrophobe Bindungen zwischen dem Disaccharid und Proteoglykanen. $X^{\oplus}$: positive Gegenionen

Neben diesem Syntheseschritt verdienen noch zwei weitere Teilschritte der Biosynthese von Kollagen hervorgehoben zu werden:

1. Der Einfluß der bereits erwähnten Registerpeptide auf die „richtige"[1] Aneinanderlagerung und Verdrillung der drei Einzelketten (Abb. $2_{(3)}$) und die anschließende enzymatische Abspaltung dieser ca. 150 Aminosäurereste langen und über S—S-Brücken vernetzte Peptide (Lapière *et al.*, 1971; Bornstein *et al.*, 1972).

Abweichungen in diesem Mechanismus, wie z.B. das Ausbleiben der enzymatischen Abspaltung hat zur Folge, daß die sich anschließend

1 Im molekularen Bereich ist die Genauigkeit der Information allein durch Wechselwirkungen bestimmt, die die erkennende Zuordnung stabilisieren. Sie wirken der Wärmebewegung entgegen und verhindern, daß das System einen Zustand maximaler Unordnung einnimmt.

bildenden Fibrillen unter anderem ein gestörtes mechanisches Verhalten aufweisen und zum Krankheitsbild der Dermatosparaxis (Hanset *et al.*, 1967, 1971) führen. Diese auf das Fehlen der Prokollagenpeptidase zurückgeführte Störung wird neuerdings auch für das Fehlverhalten des Kollagens beim Ehlers-Danlos-Syndrom (EDS) (Lichtenstein *et al.*, 1973) verantwortlich gemacht.

Der 2. Teilschritt besteht nun darin, daß an die Biosynthese des Prokollagens sich die Anheftung einer prostethischen Kohlenhydratgruppe anschließt (Abb. $2_{(5)}$) (Butler u. Cunningham, 1966; Spiro, 1969). Und zwar werden dabei die Hydroxylgruppen eines Teils der Hydroxylysinreste über β-glykosidischer Bindung durch spezifische Glykosiltransferasen mit einem Galaktoserest verknüpft, auf den anschließend ein α-glykosidisch gebundener Glucoserest übertragen wird. Die Dichte der Aufeinanderfolge dieser Disaccharide zeigt mit fortschreitender Entwicklung (Wachstum) und zunehmendem Ordnungsgrad der Fibrillen abfallende Tendenz; sie ist an kollagenartigen Eiweißstoffen der Basalmembranen am größten und erreicht an Fibrillen der Hornhaut einen mittleren Wert. Entsprechende Tendenz zeigt erwartungsgemäß auch die in Abb. $2_{(6)}$ angedeutete Wechselwirkung mit Proteoglykanen im Sinne einer hierdurch gehemmten Aggregation monomerer Einheiten zu Fibrillen. Wie noch gezeigt werden soll, erfüllt diese Disaccharidkomponente darüber hinaus auch eine Regelfunktion bei der Alterung von Kollagen. Während nun das Kollagenmonomer auf der untersten Entwicklungsstufe noch aus drei identischen Einzelketten bestand (Kulonen u. Pikkarainen, 1970), findet man auf der derzeitigen Entwicklungsstufe hinsichtlich ihrer chemischen Zusammensetzung zwei verschiedene Kettenarten vertreten. Durch Kombinationen dieser als α_1- und α_2- bezeichneten Kettenmoleküle kommen genetisch bedingte Varianten des Kollagens zustande. So unterscheidet man zwischen den gewebespezifischen Typen I, II, III und dem Kollagen der Basalmembranen, welches einheitlich aus drei α_1-Ketten besteht. So sinnvoll diese evolutionsbedingten Varianten auch sein mögen, begünstigen sie doch auch zugleich das Auftreten zusätzlicher Störungen. So z.B. bei Abläufen am Knorpelgewebe, wenn anstelle des dort üblichen Typs II Typ I-Kollagen gebildet wird (Nimni *et al.*, 1973). Abweichungen im Verkalkungsverhalten kollagener Fibrillen könnten ebenfalls mit vergleichbaren Fehlsteuerungen zusammenhängen.

Nach Ausschleusen der inzwischen über intramolekulare Wasserstoffbrücken stabilisierten und auf eine Länge von $\sim$2900 Å begrenzten Monomereinheiten in den Extracellularraum findet unter dem Einfluß der dort vorhandenen Makroionen und unter Beteiligung vielschichtiger zwischenmolekularer Wechselwirkungen Aggregation zu elektronenmikroskopisch erfaßbaren fibrillären Einheiten (Abb. 3) statt. Charak-

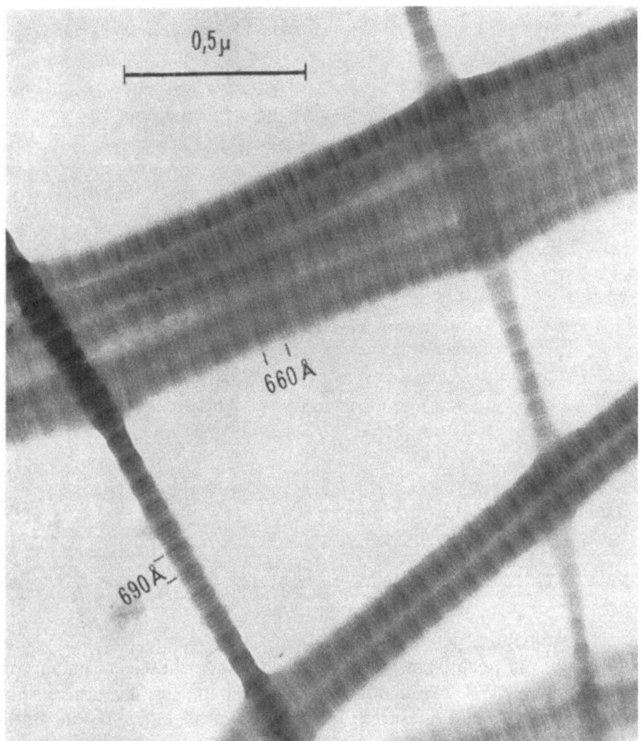

Abb. 3. Kollagenfibrillen aus Rattenschwanzsehnen aus Homogenat aufgetrocknet. Kontrastierung mit Phosphorwolframsäure (PWS)

teristisches Erkennungsmerkmal dieser Fibrillen ist eine bis in molekulare Dimensionen reichende periodisch wiederkehrende unsymmetrische Querstreifung (Hofmann *et al.*, 1952), deren im Vergleich zur Moleküllänge verkürzte Identitätsperiode (Abb. 4a und b) auf eine gestaffelte Parallelaggregation der ~2900 Å langen Monomereinheiten (Abb. 4c) zurückgeführt wird. Die dunklen Querstreifen kennzeichnen dabei Anhäufungen schwerer, aus den Hauptketten seitlich herausragender Aminosäurereste, deren polare Gruppen durch selektive Schwermetallsalzbindungen zur Erhöhung des Streukontrastes führen (Nemetschek, 1967; Hosemann u. Nemetschek, 1973).

Während nun der Durchmesser der Fibrillen mit dem Alter des Bindegewebes bis zu einem Grenzwert von ~2000 Å zunimmt, findet man im elektronenmikroskopischen Bild keine signifikanten altersabhängigen Abweichungen in der Querstruktur, zugleich als Bestätigung dafür, daß alle für das Zustandekommen höherer Ordnungen erforderlichen Infor-

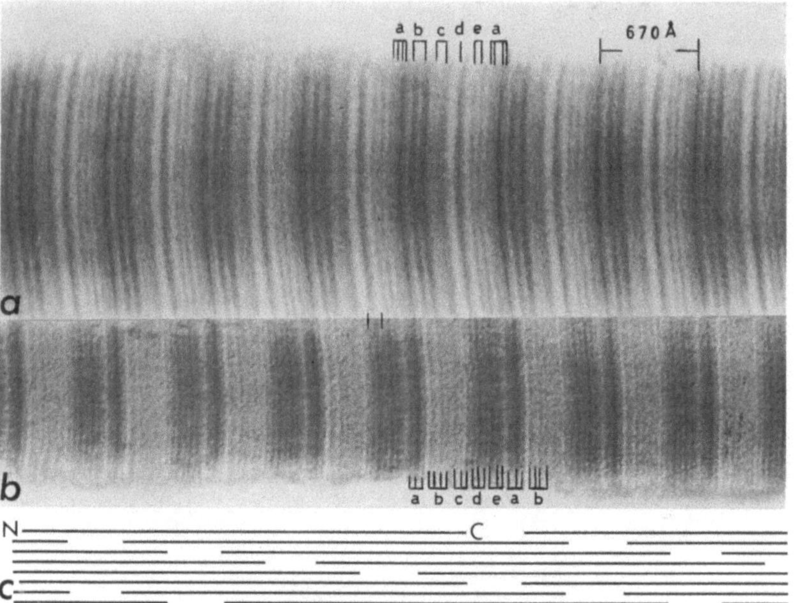

Abb. 4a—c. Darstellung der hochunterteilten Querstreifung von Kollagen in a) mit positivem und b) mit negativem Kontrast infolge überschüssiger Einlagerung von auf pH 5,5 eingestellter PWS, c) schematische Darstellung des Zustandekommens einer Identitätsperiode von 670 Å durch gestaffelte Parallelaggregation der ~2900 Å langen Monomereinheiten; N: NH_2-Terminus; C: COOH-Terminus

mationen bereits in der Primärstruktur der Einzelketten lokalisiert sind. Untersucht man diese molekularen Gegebenheiten hingegen mit Hilfe der Röntgenstrahlbeugung, so findet man angezeigt durch mit dem Alter sinkende Achsenabstände der Dreierschrauben, hingegen Unterschiede (Nemetschek, 1971). Am deutlichsten treten altersbedingte Abweichungen im Kleinwinkelröntgendiagramm nativ feuchter Fasern auf (Nemetschek, 1971; Nemetschek u. Hosemann, 1973), mit der Einschränkung allerdings, daß diese Befunde bislang nur am Kollagen aus der Rattenschwanzsehne erhoben werden konnten.

Findet nun anders als in Abb. 4c angedeutet, und zwar unter experimentellen Bedingungen, eine mit der monomeren Länge abschneidende Parallelaggregation statt, so resultieren, wie aus Abb. 5 ersichtlich, quergestreifte Segmente, deren Länge mit der tatsächlichen Moleküllänge übereinstimmt und deren Querstreifenmuster ein getreues Abbild der Aminosäurenverteilung in Kettenrichtung wiedergibt (Kühn, 1967). Aus Gründen einer durch Sequenzverschiebungen bedingten Schwerpunktsunschärfe seitlich aus den Hauptketten herausragender polarer

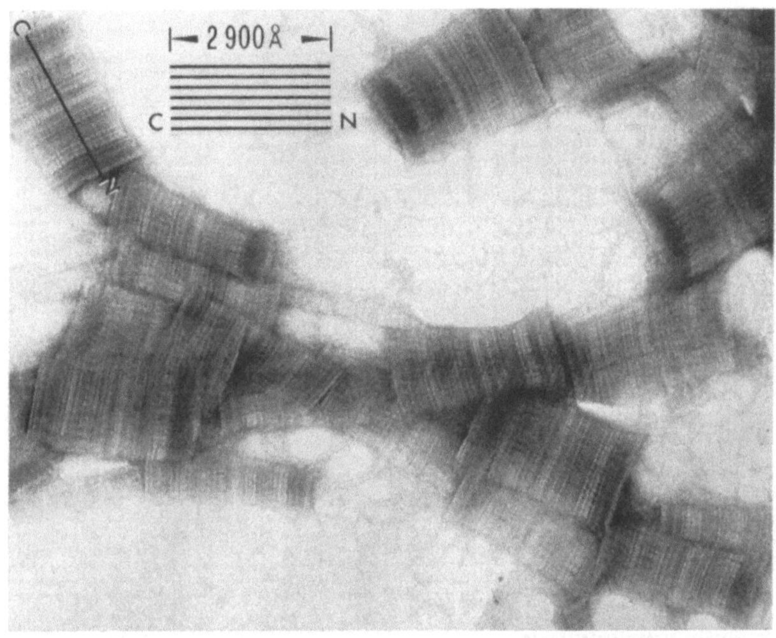

Abb. 5. Kollagensegmente nach ATP-Ausfällung aus einer kolloidalen Kollagenlösung; unversetzte Parallelaggregation der Monomereinheiten (s. Strichzeichnung); negative Kontrastierung mit auf pH 5,5 eingestellter PWS

88
HYL-GLY-HIS-ARG-GLY-PHE-SER-GLY-LEU-ASP-GLY-ALA-
GAL
GLC
28,6 Å
LYS-GLY-ASN-THR-GLY-PRO-ALA-GLY-PRO-LYS-GLY-

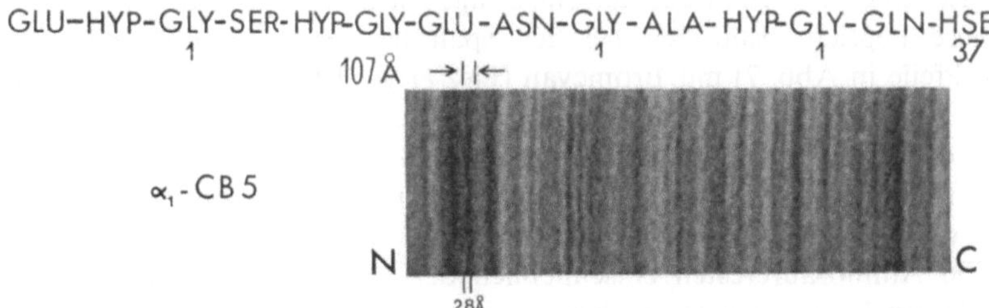

Abb. 6. Zuordnung der 37 Aminosäurereste des CB5-Peptides der α_1-Kette mit der Aufnahme eines mit PWS kontrastierten Segmentes. Dem markierten dunklen Querstreifen entspricht eine Kettenlänge von ca. 28 Å; am Hydroxylysinrest 88 Anknüpfung eines Disaccharides. HSE: Homoserin, das Umwandlungsprodukt von Methionin nach der Bromcyan-Spaltung

```
NT: pGlu-Met-Ser-Tyr-Gly-Tyr-Asp-Glu-Lys-Ser-Ala-Gly-Val-Ser-Val-Pro-

       1  Gly-Pro-Met-Gly-Pro-Ser-Gly-Pro-Arg-Gly-Leu-Hyp-Gly-Pro-Hyp-Gly-Ala-Hyp-Gly-Pro-Gln-Gly-Phe-Gln-Gly-Pro-Hyp-
      28  Gly-Glu-Hyp-Gly-Glu-Hyp-Gly-Ala-Ser-Gly-Pro-Met-Gly-Pro-Arg-Gly-Pro-Hyp-Gly-Pro-Hyp-Gly-Lys-Asn-Gly-Asp-Asp-
      55  Gly-Glu-Ala-Gly-Lys-Pro-Gly-Arg-Hyp-Gly-Gln-Arg-Gly-Pro-Hyp-Gly-Pro-Gln-Gly-Ala-Arg-Gly-Leu-Hyp-Gly-Thr-Ala-
      82  Gly-Leu-Hyp-Gly-Met[Hyl-Gly-His-Arg-Gly-Phe-Ser-Gly-Leu-Asp-Gly-Ala-Lys-Gly-Asn-Thr-Gly-Pro-Ala-Gly-Pro-Lys-  CB5
CB5  109  Gly-Glu-Hyp-Gly-Ser-Hyp-Gly-Glx-Asx-Gly-Ala-Hyp-Gly-Gln-Met]Gly-Pro-Arg-Gly-Leu-Hyp-Gly-Glu-Arg-Gly-Arg-Hyp-
     136  Gly-Pro-Hyp-Gly-Ser-Ala-Gly-Ala-Arg-Gly-Asp-Asp-Gly-Ala-Val-Gly-Ala-Ala-Gly-Pro-Hyp-Gly-Pro-Thr-Gly-Pro-Thr-
     163  Gly-Pro-Hyp-Gly-Phe-Hyp-Gly-Ala-Ala-Gly-Ala-Lys-Gly-Glu-Ala-Gly-Pro-Gln-Gly-Ala-Arg-Gly-Ser-Glu-Gly-Pro-Gln-
     190  Gly-Val-Arg-Gly-Glu-Hyp-Gly-Pro-Hyp-Gly-Pro-Ala-Gly-Ala-Ala-Gly-Pro-Ala-Gly-Asn-Hyp-Gly-Ala-Asp-Gly-Gln-Hyp-
     217  Gly-Ala-Lys-Gly-Ala-Asn-Gly-Ala-Hyp-Gly-Ile-Ala-Gly-Ala-Hyp-Gly-Phe-Hyp-Gly-Ala-Arg-Gly-Pro-Ser-Gly-Pro-Gln-
     244  Gly-Pro-Ser-Gly-Ala-Hyp-Gly-Pro-Lys-Gly-Asn-Ser-Gly-Glu-Hyp-Gly-Ala-Hyp-Gly-Asn-Lys-Gly-Asp-Thr-Gly-Ala-Lys-
     271  Gly-Glu-Hyp-Gly-Pro-Ala-Gly-Val-Gln-Gly-Pro-Hyp-Gly-Pro-Ala-Gly-Glu-Glu-Gly-Lys-Arg-Gly-Ala-Arg-Gly-Glu-Hyp-
     298  Gly-Pro-Ser-Gly-Leu-Hyp-Gly-Pro-Hyp-Gly-Glu-Arg-Gly-Gly-Hyp-Gly-Ser-Arg-Gly-Phe-Hyp-Gly-Ala-Asp-Gly-Val-Ala-
     325  Gly-Pro-Lys-Gly-Pro-Ala-Gly-Glu-Arg-Gly-Ser-Hyp-Gly-Pro-Ala-Gly-Pro-Lys-Gly-Ser-Hyp-Gly-Glu-Ala-Gly-Arg-Hyp-
     352  Gly-Glu-Ala-Gly-Leu-Hyp-Gly-Ala-Lys-Gly-Leu-Thr-Gly-Ser-Hyp-Gly-Ser-Hyp-Gly-Pro-Asp-Gly-Lys-Thr-Gly-Pro-Hyp-
     379  Gly-Pro-Ala-Gly-Gln-Asp-Gly-Arg-Hyp-Gly-Pro-Ala-Gly-Pro-Hyp-Gly-Ala-Arg-Gly-Gln-Ala-Gly-Val-Met-Gly-Phe-Hyp-
     406  Gly-Pro-Lys-Gly-Ala-Ala-Gly-Glu-Hyp-Gly-Lys-Ala-Gly-Glu-Arg-Gly-Val-Hyp-Gly-Pro-Hyp-Gly-Ala-Val-Gly-Pro-Ala-
     433  Gly-Lys-Asp-Gly-Glu-Ala-Gly-Ala-Gln-Gly-Pro-Hyp-Gly-Pro-Ala-Gly-Pro-Ala-Gly-Glu-Arg-Gly-Glu-Gln-Gly-Pro-Ala-
     460  Gly-Ser-Hyp-Gly-Phe-Gln-Gly-Leu-Hyp-Gly-Pro-Ala-Gly-Pro-Hyp-Gly-Glu-Ala-Gly-Lys-Hyp-Gly-Glu-Gln-Gly-Val-Hyp-
     487  Gly-Asp-Leu-Gly-Ala-Hyp-Gly-Pro-Ser-Gly-Ala-Arg-Gly-Glu-Arg-Gly-Phe-Hyp-Gly-Glu-Arg-Gly-Val-Glu-Gly-Pro-Hyp-
     514  Gly-Pro-Ala-Gly-Pro-Arg-Gly-Ala-Asn-Gly-Ala-Hyp-Gly-Asn-Asp-Gly-Ala-Lys-Gly-Asp-Ala-Gly-Ala-Hyp-Gly-Ala-Hyp-
     541  Gly-Ser-Gln-Gly-Ala-Hyp-Gly-Leu-Gln-Gly-Met-Hyp-Gly-Glu-Arg-Gly-Ala-Ala-Gly-Leu-Hyp-Gly-Pro-Lys-Gly-Asp-Arg-
     568  Gly-Asp-Ala-Gly-Pro-Lys-Gly-Ala-Asp-Gly-Ala-Pro-Gly-Lys-Asp-Gly-Val-Arg-Gly-Leu-Thr-Gly-Pro-Ile-Gly-Pro-Hyp-
     595  Gly-Pro-Ala-Gly-Ala-Hyp-Gly-Asp-Lys-Gly-Glu-Ala-Gly-Pro-Ser-Gly-Pro-Ala-Gly-Thr-Arg-Gly-Ala-Hyp-Gly-Asp-Arg-
     622  Gly-Glu-Hyp-Gly-Pro-Hyp-Gly-Pro-Ala-Gly-Phe-Ala-Gly-Pro-Hyp-Gly-Ala-Asp-Gly-Gln-Hyp-Gly-Ala-Lys-Gly-Glu-Hyp-
     649  Gly-Asp-Ala-Gly-Ala-Lys-Gly-Asp-Ala-Gly-Pro-Hyp-Gly-Pro-Ala-Gly-Pro-Ala-Gly-Pro-Hyp-Gly-Pro-Ile-Gly-Asn-Val-
     676  Gly-Ala-Hyp-Gly-Pro-Hyl-Gly-Ala-Arg-Gly-Ser-Ala-Gly-Pro-Hyp-Gly-Ala-Thr-Gly-Phe-Hyp-Gly-Ala-Ala-Gly-Arg-Val-
     703  Gly-Pro-Hyp-Gly-Pro-Ser-Gly-Asn-Ala-Gly-Pro-Hyp-Gly-Pro-Hyp-Gly-Pro-Ala-Gly-Lys-Glu-Gly-Ser-Lys-Gly-Pro-Arg-
     730  Gly-Glu-Thr-Gly-Pro-Ala-Gly-Arg-Hyp-Gly-Glu-Val-Gly-Pro-Hyp-Gly-Pro-Hyp-Gly-Pro-Ala-Gly-Glu-Lys-Gly-Ala-Hyp-
     757  Gly-Ala-Asp-Gly-Pro-Ala-Gly-Ala-Hyp-Gly-Thr-Pro-Gly-Pro-Gln-Gly-Ile-Ala-Gly-Gln-Arg-Gly-Val-Val-Gly-Leu-Hyp-
     784  Gly-Gln-Arg-Gly-Glu-Arg-Gly-Phe-Hyp-Gly-Leu-Hyp-Gly-Pro-Ser-Gly-Glu-Hyp-Gly-Lys-Gln-Gly-Pro-Ser-Gly-Ala-Ser-
     811  Gly-Glu-Arg-Gly-Pro-Hyp-Gly-Pro-Met-Gly-Pro-Hyp-Gly-Leu-Ala-Gly-Pro-Hyp-Gly-Glu-Ser-Gly-Arg-Glu-Gly-Ala-Hyp-
     838  Gly-Ala-Glu-Gly-Ser-Hyp-Gly-Arg-Asp-Gly-Ser-Hyp-Gly-Ala-Lys-Gly-Asp-Arg-Gly-Glu-Thr-Gly-Pro-Ala-Gly-Ala-Hyp-
     865  Gly-Pro-Hyp-Gly-Ala-Hyp-Gly-Ala-Hyp-Gly-Pro-Val-Gly-Pro-Ala-Gly-Lys-Ser-Gly-Asp-Arg-Gly-Glu-Thr-Gly-Pro-Ala-
     892  Gly-Pro-Ile-Gly-Pro-Val-Gly-Pro-Ala-Gly-Ala-Arg-Gly-Pro-Ala-Gly-Pro-Gln-Gly-Pro-Arg-Gly-Asx-Hyl-Gly-Glx-Thr-
     919  Gly-Glx-Glx-Gly-Asx-Arg-Gly-Ile-Hyl-Gly-His-Arg-Gly-Phe-Ser-Gly-Leu-Gln-Gly-Pro-Hyp-Gly-Pro-Hyp-Gly-Ser-Hyp-
     946  Gly-Glu-Gln-Gly-Pro-Ser-Gly-Ala-Ser-Gly-Pro-Ala-Gly-Pro-Arg-Gly-Pro-Hyp-Gly-Ser-Ala-Gly-Ser-Hyp-Gly-Lys-Asp-
     973  Gly-Leu-Asn-Gly-Leu-Hyp-Gly-Pro-Ile-Gly-Hyp-Hyp-Gly-Pro-Arg-Gly-Arg-Thr-Gly-Asp-Ala-Gly-Pro-Ala-Gly-Pro-Hyp-
    1000  Gly-Pro-Hyp-Gly-Pro-Hyp-Gly-Pro-Hyp-Gly-Pro-Pro-

CT: Ser-Gly-Gly-Tyr-Asp-Leu-Ser-Phe-Leu-Pro-Gln-Pro-Pro-Gln-Gln-Glx-Lys-Ala-His-Asp-Gly-Gly-Arg-Tyr-Tyr
```

Abb. 7. Aminosäuresequenzen der α_1-Ketten von Kollagen. Die Pfeile markieren vorhandene Methioninreste; an diesen Stellen erfolgt Kettenspaltung mit BrCN. In Klammern das in Abb. 6 dargestellte CB5-Peptid. Oben im Bild N-terminales nichthelikales Vernetzungspeptid; unten im Bild C-terminales nichthelikales Vernetzungspeptid (nach Ergebnissen der Arbeitsgruppen Bornstein und Kühn)

Aminosäurereste führt der Versuch einer Korrelation einzelner dunkler Querstreifen mit der Sequenzfolge allerdings zu einer Auflösungsverschlechterung. Als Beispiel ist in Abb. 6 der Versuch einer Korrelation zwischen Querstreifen und den eingetragenen CB5-Peptid wiedergegeben. Diese Peptide resultieren bei der Spaltung der Methioninbindungen (s. Pfeile in Abb. 7) mit Bromcyan (Piez *et al.*, 1968). Abb. 7 schließlich soll veranschaulichen, welch großen Fortschritt die Bromcyanmethode für die Sequenzanalyse von Kollagen, getragen von den Arbeitsgruppen Bornstein in USA und Kühn in Deutschland, bereits erbracht hat. Hier ist die vollständige Sequenzanalyse der α_1-Kette bestehend aus über 1000 Aminosäureresten einschließlich der N- und C-terminalen nicht helikalen Peptide wiedergegeben.

Das in Abb. 6 eingetragene CB5-Peptid ist in Klammern gesetzt. Aggregate der in Abb. 5 wiedergegebenen Art, oder auch oligomere Formen findet man nicht unter physiologischen Bedingungen, da diese verständlicherweise nicht die erforderlichen mechanischen Eigenschaften besitzen würden, die von Kollagen erwartet werden. Dies beruht darauf, daß allein durch eine wie in Abb. 4c angedeutet, zueinander gestaffelte Parallelaggregation endlich langer Monomereinheiten auch Querbindungskräfte zu einer Längsverfestigung beitragen, wodurch optimale Vernetzungs- und Festigkeitsbedingungen realisiert sind. Die extracelluläre Aggregation der Kollagenmonomere zu Fibrillen stellt aber neben einer funktionsmechanischen Notwendigkeit auch eine Steuerung des Kollagenstoffwechsels dar, da isoliert vorliegende Monomereinheiten von körpereigenen proteolytischen Enzymen leichter abgebaut werden können als bereits organisierte Fibrillen.

Fibrillenbildung und Wachstum dürften intermediär über Sekundäreinheiten aus fünf (Smith, 1968) oder acht (Nemetschek u. Hosemann, 1973) Dreierschrauben, den sog. Subfibrillen erfolgen (Abb. 8) (Hosemann *et al.*, 1974). Diese in sich abgesättigten Einheiten formieren sich weiter in der Ebene senkrecht zur Faserachse nach einem orthorhombischen Ordnungsschema zu Fibrillen. Dickenwachstum ist dabei außer von Komponenten der extracellulären Grundsubstanz auch von funktionsmechanischen Faktoren gesteuert. Letztere Faktoren sind auch für ein charakteristisches Verteilungsmuster der Fibrillendurchmesser verantwortlich zu machen. So findet man z.B. im embryonalen Bindegewebe vorzugsweise sehr dünne ($\sim$200 Å) Fibrillen, ein ähnliches Fibrillenspektrum findet man aber auch in der Cornea. Dort bleibt jedoch eine Weiterdifferenzierung über den embryonalen Zustand hinaus im Sinne der Erhaltung einer unverminderten optischen Transparenz aus (Schwarz, 1954). Andererseits erfahren die Fibrillen in Sehnen und Bändern mit fortschreitendem Alter eine Dickenzunahme, die ähnlich wie ein damit verbundenes Ansteigen der Zugfestigkeit der mechanischen Beanspruchung der Fasern Rechnung trägt. Der Anstieg an Zugfestigkeit wird durch zunehmende Stabilisierung über intra- und vor allem intermolekulare kooperative Wechselwirkungen erreicht. Ähnlich wie bei synthetischen Hochpolymeren, sind diese Abläufe auch bei Kollagen mit einem Ansteigen des Ordnungszustandes korreliert. Allerdings tragen aufeinander abgestimmte Regelmechanismen dazu bei, daß im Zuge des Alterungsprozesses keine vollständige Kristallisation, die mit einer Brüchigkeit der Fasern verbunden wäre, stattfindet, sondern, daß stets nur ein teilkristalliner Zustand (Hosemann *et al.*, 1974) resultiert.

Fasern aus synthetischen Hochpolymeren verdanken kristallographischen Unvollkommenheiten ihre hohe Festigkeit bei gleichzeitiger Biegsamkeit (Zachmann, 1974).

In vivo befindet sich deshalb das fibrillär organisierte Kollagen stets mehr oder weniger weit vom thermodynamischen Gleichgewichtszustand entfernt. Die Fasern haben daher wiederum in Analogie zu synthetischen Hochpolymeren die Tendenz, den molekularen Ordnungszustand ständig

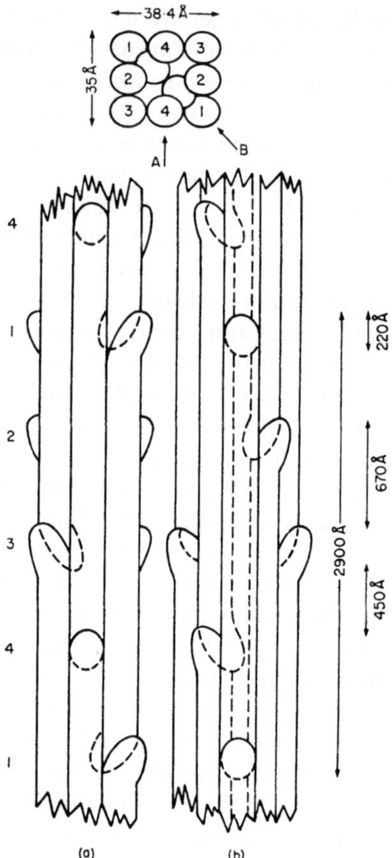

Abb. 8a u. b. „Schachtelhalm" Modell einer idealisierten Subfibrille aus acht Dreierschrauben mit 220 Å langen Überlappungszonen und 450 Å langen Kanälen; eine reale Subfibrille dürfte leicht abgeflacht sein. a) Laterale Ansicht in Richtung des Pfeiles A; b) Seitenansicht in Richtung des Pfeiles B (Hosemann, Dreißig u. Nemetschek, 1974)

in einer Richtung zu ändern, d.h. zu altern. Diese zeitabhängige Tendenz wird dabei durch das Erreichen eines Zustandes kleinster freier Energie infolge optimaler Absättigung vorhandener Bindungsenergien begünstigt, sofern nicht eingebaute Kristallisationshemmnisse entgegenwirken. Der Verfestigungsgrad der Kollagenfasern stellt deshalb eine geeignete Kenngröße dar um altersabhängige Vorgänge an dieser Eiweißfaser erfassen zu können. Begünstigt wird dieses Vorhaben auch durch einen relativ niedrigen Stoffwechsel kollagener Fasern. Nun wirkt sich der Verfestigungsgrad nicht nur auf das rein mechanische Verhalten der Fasern

Tabelle 1. Altersabhängigkeit der thermischen Kontraktion an Kaninchensehnen unterschiedlicher Muskelgruppen (nach Gehlen, 1967)

Alter des Tieres	Sehne des Muskels	Beginn der thermischen Kontraktion	Max. Kraft/10 mg Sehnengewicht
9 Monate	Peroneusgruppe	60,3° ± 0,5	6,7 g ± 2,2
21 Monate	Peroneusgruppe	59,7° ± 1,0	19,0 g ± 6,5
32 Monate	Peroneusgruppe	60,5° ± 1,0	26,3 g ± 7,5
9 Monate	ext. dig. long.	61,8° ± 0,6	17,9 g ± 7,3
21 Monate	ext. dig. long.	62,2° ± 1,2	19,6 g ± 6,3
32 Monate	ext. dig. long.	61,6° ± 0,9	21,4 g ± 4,5

aus sondern auch auf deren Thermostabilität sowie auf ihr Quellungsvermögen. So hängt z.B. von der Thermostabilität der Fasern die Temperatur ab, bei welcher feuchte Fasern schrumpfen, d.h. in einen entropiereichen ungeordneten Zustand übergehen. Da eine unter experimentellen Bedingungen erfolgte zusätzliche Vernetzung der Fasern mit einer Erhöhung der Schrumpfungstemperatur (T_s) verbunden ist, wird die T_s für Kollagen und auch für andere Proteinfasern als Maß für die Kräfte angesehen, die zur Stabilisierung der Fasern beitragen. Diese aus experimentellen Ergebnissen gewonnenen Erkenntnisse lassen sich jedoch nicht uneingeschränkt auf den unterschiedlichen Vernetzungsgrad des Kollagens in Abhängigkeit vom Alter übertragen. Eine signifikante Altersabhängigkeit konnte allerdings Brocas und Verzàr (1961) mit Hilfe einer isometrischen Meßmethode aufzeigen, indem er die Kraft bestimmte, die erforderlich ist, um einer thermischen Kontraktion entgegenzuwirken. Werden nun die Fasern weiter thermisch belastet, so erschlaffen sie spontan und zwar um so langsamer, je älter das Kollagen ist. Einschränkend muß allerdings geltend gemacht werden, daß eine Reihe von Faktoren auch hierbei zu Fehlschlüssen führen können. So haben bereits mechanische Beschädigungen der Fasern während der Präparation eine Erniedrigung der T_s zur Folge. Abweichungen im thermischen Verhalten findet man aber auch an Sehnen, die von verschiedenen Muskeln des gleichen Tieres stammen (Tabelle 1).

Ja, selbst an Rattenschwanzsehnen können die Werte verschieden ausfallen, je nachdem an welcher Stelle der Sehne die Fasern entnommen wurden. So findet man, daß die T_s der Fasern zum proximalen Ende der Schwanzsehne hin zunimmt. In ähnlicher Weise verhält es sich auch bei mechanischen Messungen. Es ist denkbar, daß dieses unterschiedliche Verhalten der Fasern auf abweichende funktionsmechanischen Einflüssen in vivo beruht und zwar im Sinne einer ansteigenden T_s mit zunehmender mechanischer Inanspruchnahme. So konnten Brown und Consden (1958) zeigen, daß menschliches embryonales Kollagen während der gesamten fötalen Zeit eine T_s von ca. 54°C besitzt und erst nach der Geburt offenbar infolge intensiver körperlicher Betätigung ein Ansteigen der T_s zu registrieren ist. Gewissermaßen als experimenteller Beweis für die Bedeutung eines mechanischen Einflusses auf den mit dem Verfestigungsgrad korrelierten Ordnungszustand von Kollagen konnte Rigby (1964) zeigen, daß in vitro durch zyklische Dehnung feuchter Fasern eine Erhöhung der T_s zu erzielen ist. Wie auch wir fanden, lassen diese Fasern im Röntgenbeugungsdiagramm einen Ordnungsanstieg (Bowitz u. Nemetschek, 1974) erkennen. Einschränkend muß allerdings geltend gemacht werden, daß in vitro vorgenommene künstliche Vernetzungen unter bestimmten Bedingungen auch mit einem Ordnungsverlust verbunden sein können (Nemetschek u. Bowitz, 1974).

Rückschauend geht hervor, daß den angestellten Betrachtungen vorwiegend Fragen der Stabilisierung des Kollagens zugrunde liegen. Nun, wie bereits bei der Kollagenbiosynthese erwähnt, erfolgt intramolekulare Stabilisierung der Dreierschrauben über Wasserstoffbrücken. Wasserstoffbrücken mit und ohne einbezogenen Wasserbrücken (Berendsen, 1966; Nemetschek, 1970) tragen im Verbund mit elektrostatischen Wechselwirkungen zwischen benachbarten polaren Gruppen auch zur intermolekularen Vernetzung bei, worauf die Stabilisierung sehr junger Fibrillen fast ausschließlich beruht, zugleich als Erklärung für deren hohes Quellungsvermögen, das bis zur Ausbildung kolloidaler Lösungen reicht. Neben elektrostatischen Wechselwirkungen gewinnen mit zunehmendem Alter aber auch kovalente Bindungen mehr und mehr an Bedeutung, die ihre Entstehung Prinzipien verdanken, die sowohl für intra- als auch intermolekulare Vernetzungen zutreffen. Eine wichtige Stellung nehmen dabei Aldehydgruppen ein, die wie bereits Bornstein *et al.* (1966) zeigen konnten, bei der extracellulären oxydativen Desaminierung der ε-Aminogruppen von Lysin und Hydroxylysin unter der Wirkung einer durch Kupfer aktivierten Lysinooxidase entstehen (Tanzer, 1973).

NH_2–CH_2–$(CH_2)_3$–~CH~ → $O{=}CH$–$(CH_2)_3$–~CH~

NH_2–CH_2–$CH{-}OH$–$(CH_2)_2$–~CH~ → $O{=}CH$–$CH{-}OH$–$(CH_2)_2$–~CH~

Lysinooxidase, O_2

Sofern nun einer unverändert gebliebenen ε-Aminogruppe von Lysin oder Hydroxylysin ein Aldehydderivat gegenüberliegt (1), bilden sich säure- und wärme-labile Vernetzungen auf der Basis sog. Schiffscher Basen (2), die mit zunehmendem Lebensalter durch einsetzende Reduktion (3) stabilisiert werden (Abb. 9). In das Bild dieser Vorstellungen passen Analysenergebnisse von altem und jungem Kollagen gut hinein: So konnten Balian *et al.* (1971) zeigen, daß Bullen-Kollagen weniger Lysin- und Hydroxylysin und auch weniger freie Aldehydgruppen enthält als Kalbs-Kollagen. Andererseits läßt sich Kalbshautkollagen durch Reduktion mit Borhydrid (gemäß (3)) (s. auch Cannon u. Davidson, 1973) im Sinne einer künstlichen Alterung so verändern, daß es ebensowenig löslich wird wie Bullen-Kollagen, und auch dessen Thermostabilität erlangt.

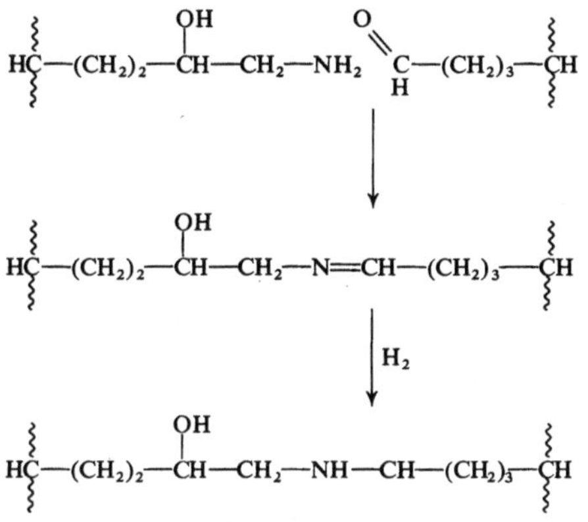

$$\mathrm{HC{-}(CH_2)_2{-}\overset{\displaystyle OH}{\overset{|}{C}}H{-}CH_2{-}NH_2 \quad \overset{\displaystyle O}{\underset{\displaystyle H}{C}}{-}(CH_2)_3{-}CH} \qquad (1)$$

$$\downarrow$$

$$\mathrm{HC{-}(CH_2)_2{-}\overset{\displaystyle OH}{\overset{|}{C}}H{-}CH_2{-}N{=}CH{-}(CH_2)_3{-}CH} \qquad (2)$$

$$\downarrow H_2$$

$$\mathrm{HC{-}(CH_2)_2{-}\overset{\displaystyle OH}{\overset{|}{C}}H{-}CH_2{-}NH{-}CH{-}(CH_2)_3{-}CH} \qquad (3)$$

Hydroxylysinonorleucin

Liegen nun Aldehydderivate benachbarter Dreierschrauben gegenüber, so führt eine Aldolkondensation direkt zu säure- und wärmestabilen Quervernetzungen:

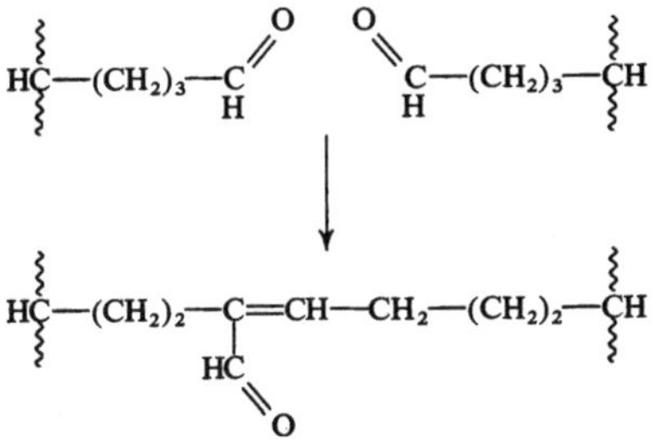

$$\mathrm{HC{-}(CH_2)_3{-}\overset{\displaystyle O}{\underset{\displaystyle H}{C}} \quad \overset{\displaystyle O}{\underset{\displaystyle H}{C}}{-}(CH_2)_3{-}CH}$$

$$\downarrow$$

$$\mathrm{HC{-}(CH_2)_2{-}\underset{\displaystyle HC{=}O}{C}{=}CH{-}CH_2{-}(CH_2)_2{-}CH}$$

Wie wir wissen sind an der Entstehung dieser intermolekularen Bindungen nicht nur seitenständige Aminosäurereste sondern wie in Abb. 9

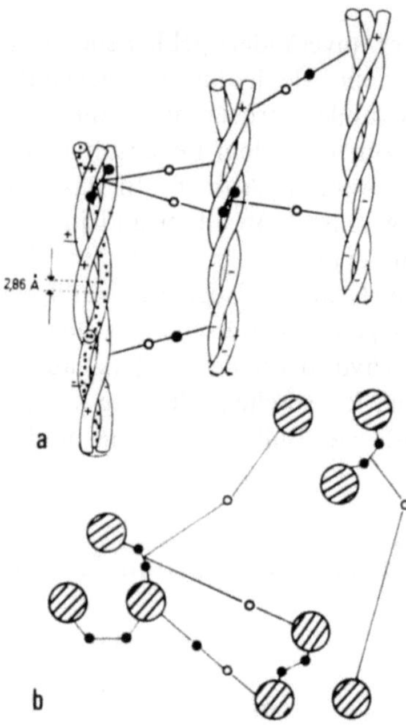

Abb. 9. Schema intra- und intermolekularer Vernetzungen auf der Basis reaktiver Aldehydgruppen. Stabilisierungen über Nebenvalenzkräfte blieben ebenso wie Wechselwirkungen zwischen polaren Schwerpunkten unberücksichtigt. a) Ansicht in Längs- und b) in Querrichtung. ● Aldehydgruppen, ○ ε-Amino- oder andere reaktive Gruppen

angedeutet als Aldehydträger insbesondere längere Peptidketten beteiligt. Diese sog. Vernetzungs- oder Telopeptide befinden sich am N- und C-Terminus der Einzelketten, sind nicht helikal und 16- bzw. 25-Aminosäurereste lang (s. Abb. 7). Aufgrund ihrer Länge ist eine Brückenbindung nicht nur mit nächsten, sondern auch mit entfernteren und zueinander versetzten Dreierschrauben möglich.

Neben diesem Bindungstyp konnte auch eine Aldol-Histidin-Formation als polyfunktionelle Quervernetzung nachgewiesen werden (Tanzer *et al.*, 1973), gemäß der Reaktionsgleichung auf S. 21.

Mit Hilfe der eingangs bereits erwähnten physikalischen und physikalisch-chemischen Methoden läßt sich nun unschwer der Nachweis einer mit dem Alter ansteigenden Vernetzung unter Beteiligung reaktiver Aldehydgruppen erbringen. Die einzelnen Reaktionsmechanismen müssen also einer biologischen Uhr gehorchen, deren genetisch determinierter Gang zu einem nicht unmaßgeblichen Teil von stereochemischen Bedingungen abhängen dürfte, die ihrerseits erwartungsgemäß funktionsmechanischen Einflüssen unterliegen. Eine wichtige Funktion innerhalb

$$\mathrm{HC{-}(CH_2)_2{-}\underset{\underset{O}{\overset{|}{CH}}}{C}{=}CH{-}CH_2{-}(CH_2)_2{-}CH}$$

+

NH, N (Imidazolring), CH_2, $\sim CH \sim$

$$\downarrow$$

$$\mathrm{HC{-}(CH_2)_2{-}\underset{\underset{O}{\overset{|}{CH}}}{CH}{-}\underset{\underset{N}{|}}{CH}{-}CH_2{-}(CH_2)_2{-}CH}$$

N, N (Imidazolring), CH_2, $\sim CH \sim$

dieses Regelkreises dürfte von den bei der Biosynthese von Kollagen (Abb. 2) besprochenen Zuckerresten ausgehen und zwar je nachdem, ob diese Hydroxylysin als Partner für Vernetzungsreaktionen frei geben oder nicht (Spiro, 1969). Diese Vorstellung findet eine wichtige Stütze durch die quantitative Bestimmung dieser Kollagenkomponente, aus der hervorgeht, daß mit zunehmendem Ordnungsgrad der Fasern der Disaccharidanteil abnimmt. Diese Zuckerkomponente besitzt darüber hinaus infolge seiner Wechselwirkung mit Proteoglykanen auch eine Regelfunktion bei der Aggregation monomerer Einheiten zu Fibrillen, d.h. also auch beim Dickenwachstum. So hat eine Zunahme der Flächendichte dieser Disaccharidkomponente eine hemmende Wirkung auf die Fibrillenaggregation, die bei hohen Werten wie im Falle der Basalmembranen (Kefalides u. Winzler, 1966) eine fibrilläre Ordnung ganz unterbindet.

Der mit einer Zunahme intermolekularer Brückenbindungen verbundene Alterungsprozeß von Kollagen führt oftmals in der Literatur zu einer negativen Einschätzung und zwar unter der Begründung eines Elastizitätsverlustes (gemeint ist offenbar das gummielastische Verhalten) der Fasern, der sogar mit einer „Verholzung“ gleichgesetzt wurde (Frank, 1974). Tatsächlich besitzen alte Fasern bis zu einer Belastung von 2000 p/mm^2, wie aus dem Verlauf der Kurve a in Abb. 10 zu ersehen ist,

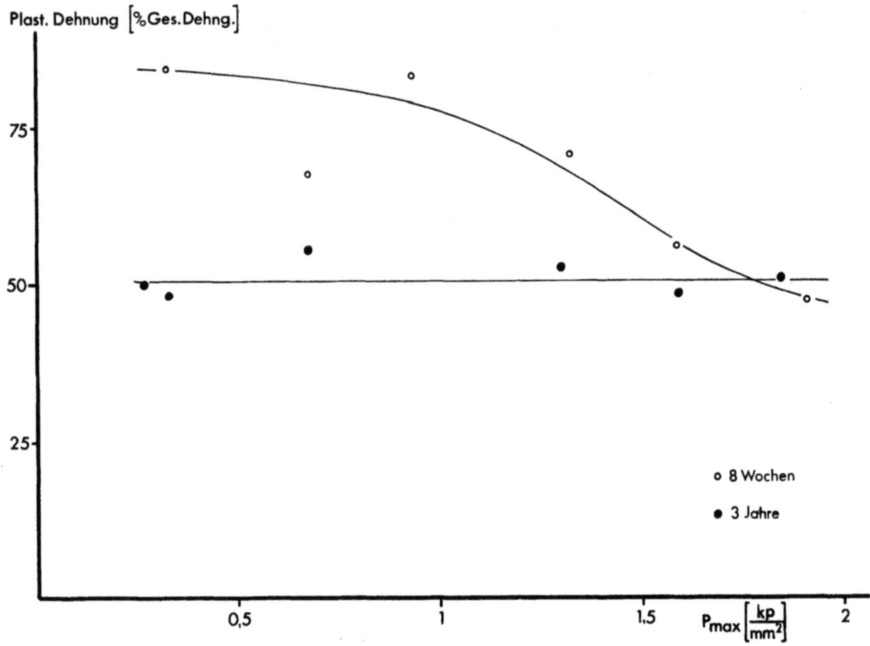

Abb. 10. Plastischer Dehnungsanteil in % der Gesamtdehnung als Funktion der Vorspannung P_{max} in p/mm^2; gemessen anschließend an den Versuchen a und b in Abb. 11. Entlastungsgeschwindigkeit = 2% min^{-1}

einen konstanten elastischen Dehnungsanteil. Dieser ist bei jugendlichem Kollagen (Kurve b) im unteren Belastungsbereich (bis 1 000 p/mm^2) sogar wesentlich niedriger als bei altem Kollagen. Dies beruht darauf, daß bei jugendlichen Kollagen wegen des relativ niedrigen Vernetzungsgrades der plastische, also unelastische Dehnungsanteil größer ist als an altem Kollagen. Mit zunehmender Belastung nähert sich jedoch der Wert des jungen Kollagens dem des alten. In guter Übereinstimmung mit diesen Kurvenverläufen steht auch das Relaxationsverhalten (Abb. 11) der Fasern, da einem großen plastischen Dehnungsanteil, wie zu erwarten, auch ein entsprechend hoher Spannungsabfall korreliert sein muß. Ebenso ist auch das Funktionsverhalten des jugendlichen Kollagens während einer künstlichen Vernetzung (Abb. 11, Kurve d) identisch mit dem des alten Kollagens im nativen Zustand (Kurve a) (Bowitz u. Nemetschek, 1974).

Gewissermaßen als Untermauerung des angeblichen Elastizitätsverlustes alter Fasern wird die mit zunehmendem Alter zu registrierende Abnahme des Wassergehaltes der Fasern angezeigt. Tatsächlich läßt sich

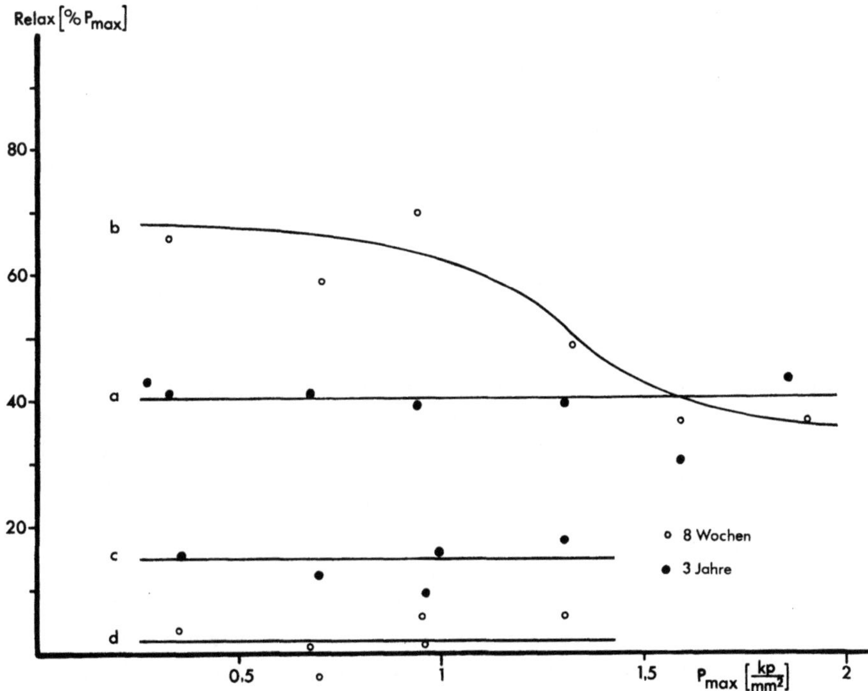

Abb. 11. Spannungsabfall Relax. in % der Vorspannung als Funktion der Vorspannung P_{max} in p/mm²; gemessen an nativen Schwanzsehnenfasern 8 Wochen und 3 Jahre alter männlicher Ratten (Kurven a und b); in c und d Messungen während Einwirkung einer 5% Formaldehydlösung pH 7,2 bei Erreichen des Vorspannungswertes. Dehnungsgeschwindigkeit = 2% min^{-1}; Relaxationszeit = 1 h

mit Hilfe der Röntgenstrahlbeugung zeigen, daß zwar in Abhängigkeit des Alters kleinere Abstände zwischen den Achsen der Dreierschrauben einer Fibrille resultieren, diese Abweichungen jedoch kaum mehr als ±1 Å betragen und somit nicht mit einer nennenswerten intermolekularen Wasserabgabe zusammenhängen können. Die Unterschiede im Wassergehalt müssen also auf Gegebenheiten im interfibrillären Raum beruhen. Das heißt, in diesem Fall erlangen hydrophile nicht-kollagene Komponenten des Extracellularraumes weit überragendere Bedeutung als die Einzelfasern selbst. Aus diesem Grunde sind und müssen alle weiteren Betrachtungen ungenau bleiben, solange sie nicht Kollagen allein, sondern kollagenhaltige Systeme betreffen. Zwar findet man in der Literatur bereits Mitteilungen, die sich mit diesem Sachverhalt auseinandersetzen. Eine genaue Analyse wird aber auch dort zumindest solange ausbleiben, wie es nicht gelingt, entsprechende Messungen getrennt auch an den einzelnen Systemskomponenten, also z.B. im Falle der Blutgefäße an der glatten Muskulatur, Elastin und Kollagen anzuschließen.

Für Kollagen allein betrachtet muß jedoch die Aussage gelten, daß der mit einer Zunahme intermolekularer Brückenbindungen verbundene Alterungsprozeß kein störender Ablauf ist, sondern vielmehr unter Mitwirkung sinnvoller Regelmechanismen den jeweiligen physiologischen Erfordernissen angepaßt ist. Abweichungen im Alterungsprozeß dieser Eiweißfasern, die vor allem darin bestehen, daß der Vernetzungsgrad auf einer niedrigeren Stufe gehalten wird, als es dem tatsächlichen biologischen Alter entsprechen würde, können hingegen zu schwerwiegenden Schäden mesenchymaler Gewebe und Organe führen (Nemetschek, 1971). Dieser Sachverhalt findet seine Stütze z.B. durch Untersuchungsergebnisse an EDS-Geweben (Heilmann *et al.*, 1971) und vor allem durch eine Reihe tierexperimenteller Befunde, deren Hauptakzente wie beim EDS bei Störungen der Biosynthese von Quervernetzungen liegen. So bewirkt β-Aminopropionitril beim experimentellen Lathyrismus (Ponseti u. Shephard, 1954; Doerr, 1960; Tanzer, 1965) eine Hemmung der Lysinooxidase, wodurch die für die Ausbildung koventaler Bindungen erforderliche Umwandlung der ε-Aminogruppen von Lysin und Hydroxylysin in Aldehydgruppen unterbleibt (Miller *et al.*, 1965; Bornstein, 1970).

Ähnlich verhält es sich, wenngleich mit einem anderen Angriffspunkt, bei der Störung dieses Reaktionsmechanismus unter Wirkung des Chelatbildners D-Penicillamin. Hier sind es die Cu^{2+}-Ionen, die durch D-Penicillamin komplexgebunden werden, und somit als Aktivatoren bei der enzymatischen Desaminierung fehlen (Nimni u. Bavetta, 1965; Chvapil *et al.*, 1968; Deshmukh u. Nimni, 1969). In Übereinstimmung hiermit gelangt man auch zu ähnlichen Ergebnissen bei Versuchen mit Cu-Mangeldiät (Carnes *et al.*, 1961; Shields *et al.*, 1961; O'Dell *et al.*, 1961; Carlton u. Henderson, 1963; Simpson u. Harms, 1964). Das sich einstellende Fehlverhalten des Bindegewebes hatte eine Disposition zu Gefäßrupturen und Hautläsionen zur Folge.

Fräulein Chem. Ing. R. Bowitz und Frau M. Müller danke ich für ihre Mitarbeit. Mit Unterstützung durch die Deutsche Forschungsgemeinschaft.

Literatur

Balian, G. A., Bowes, J. H., Cater, C. B.: Einige Beobachtungen über Alterungseffekte in Rindshaut. J. Soc. Leather Trades' Chemists **55**, 119 (1971).

Berendsen, H. J. C.: Water structure in biological systems. Fed. Proc. **25**, 971 (1966).

Bornstein, P., Kang, A. H., Piez, K. A.: The nature and localisation of intermolecular crosslinks in collagen. Proc. Nat. Acad. Sci. USA **55**, 417 (1966).

Bornstein, P., Piez, K. A.: The separation and characterization of peptides from the cross-link region of rat skin collagen. Biochemistry **5**, 3460 (1966).

Bornstein, P.: The crosslinking of collagen and elastin and its inhibition in osteolathyrism. Amer. J. Med. **49**, 429 (1970).
Bornstein, P., Ehrlich, J. P., Wyke, A. W.: Procollagen: Conversion of the precursor to collagen by a neutral protease. Science **175**, 544 (1972).
Bowitz, R., Nemetschek, Th.: Struktur und Dehnungsverhalten von Kollagen. Z. wissensch. Konf. d. Ges. Dtsch. Naturforsch. u. Ärzte, Hannover 1974 (i. Druck).
Brocas, J., Verzàr, F.: Measurement of isometric tension during thermic contraction as criterium of the biological age of collagen fibers. Gerontologia **5**, 223 (1961).
Brown, P. C., Consden, R.: Variation with the age of shrinkage temperature of human collagen. Nature (London) **181**, 349 (1958).
Butler, W. T., Cunningham, L. W.: Evidence for the linkage of a disaccharide to hydroxylysine in tropocollagen. J. Biol. Chem. **241**, 3882 (1966).
Cannon, D. J., Davison, P. F.: Cross-linking and aging in the rat tendon collagen. Exp. Geront. **8**, 51 (1973).
Carlton, W. W., Henderson, W.: Cardiovascular lesions in experimental copper deficiency in chickens. J. Nutrition **81**, 200 (1963).
Carnes, W. A., Shields, G. S., Cartwright, G. E., Wintrobe, N. M.: Vascular lesions in copper deficient swine. Fed. Proc. **20**, 118 (1961).
Chvapil, M., Hurych, J., Ehrlichová, E.: Effect of long term in vivo application of phenanthroline, penicillamine and further chelating agents on the synthesis of collagenous proteins. Hoppe-Seyler's Z. physiol. Chem. **349**, 218 (1968).
Deshmukh, K., Nimni, M. E.: A defect in the intramolecular and intermolecular crossling of collagen caused by penecillamine. J. Biol. Chem. **244**, 1787 (1969).
Doerr, W.: Experimenteller Lathyrismus. Verh. Dtsch. Ges. Path. **44**, 145 (1960).
Dreissig, W., Hosemann, R., Nemetschek, Th.: Parakristallite in nativem Kollagen. Z. Naturforschg. (i. Druck).
Franke, H.: Aktuelle Probleme der Gerontologie und Geriatrie. Naturwissenschaften **61**, 150 (1974).
Gehlen, W.: Experimentelle Untersuchungen an Sehnen im Hinblick auf die Sehnentransplantation. Diss. Köln 1967.
Goldberg, B., Epstein, E. H., Jr., Sherr, C. J.: Proc. Nat. Acad. Sci. USA **69**, 3655 (1972).
Goldberg, B., Sherr, C. J.: Secretion and extracellular processing of procollagen by cultured human fibroblasts. Proc. Nat. Acad. Sci. USA **70**, 361 (1973).
Hanset, R., Ansay, M.: Ann. Med. Vet. **7**, 451 (1967).
Hanset, R.: Dermatosparaxis of the calf, a genetic defect of the connective tissue. Hoppe-Seyler's Z. physiol. Chem. **352**, 13 (1971).
Heilmann, K., Nemetschek, Th., Völkl, A.: Das Ehlers-Danlos-Syndrom aus morphologischer und chemischer Sicht. Virchows Arch. Abt. A **354**, 268 (1971).
Hofmann, U., Nemetschek, Th., Graßmann, W.: Über die Querstreifung von Kollagen und ihre Veränderung im Elektronenmikroskop. Z. Naturforschg. **7b**, 509 (1952).
Hosemann, R., Nemetschek, Th.: Reaktionsabläufe zwischen Phosphorwolframsäure und Kollagen. Kolloid. Z. Z. Polymere **251**, 53 (1973).
Hosemann, R., Dreissig, W., Nemetschek, Th.: "Schachtelhalm"-structure of the octafibrils in collagen. J. Mol. Biol. **83**, 275 (1974).
Hosemann, R.: Parakristalle in Biopolymeren und synthetischen Polymeren. Endeavour **32**, 99 (1973).
Kefalides, N. A., Winzler, R. J.: The chemistry of glomular basement membrane and its relation to collagen. Biochemistry **5**, 702 (1966).
Kühn, K.: Untersuchungen zur Struktur des Kollagens. Naturwissenschaften **54**, 101 (1967).

Kulonen, E., Pikkarainen, J.: Comparative studies on the chemistry and chain structure of collagen. In: Chemistry and molecular biology of the intercellular matrix. Ed. Balacz, E. A. Vol. 1, p. 81. London and New York: Academ. Press 1970.

Lapière, Ch. M., Lenaers, A., Kohn, L. D.: Procollagen peptidase: An enzyme excessing the coordination peptides of procollagen. Proc. Nat. Acad. Sci. USA **68**, 3054 (1971).

Lichtenstein, J. R., Martin, G. R., Kohn, L. D., Byers, P. H., McKusik, V. A.: Defect in conversion of procollagen to collagen in a form of Ehlers-Danlos-Syndrome. Science **182**, 298 (1973).

Miller, E. J., Martin, G. R., Mecca, Ch. E., Piez, K. A.: The biosynthesis of elastin crosslinks. J. Biol. Chem. **240**, 3623 (1965).

Nemetschek, Th.: Zur Topochemie einiger Reaktionen am Kollagen. Kolloid. Z. Z. Polymere **215**, 1 (1967).

Nemetschek, Th.: Über die Bedeutung des Wassers für organische Strukturen. Med. Welt **21**, 102 (1970).

Nemetschek, Th.: Altersabhängige Abläufe am Kollagen. In: Altern und Entwicklung **3**, 38. Stuttgart-New York: Schattauer 1971.

Nemetschek, Th.: Ist die Alterung der Skleroproteine unerwünscht ? Z. f. Gerontolog. **4**, 328 (1971).

Nemetschek, Th., Bowitz, R.: Das Relaxationsverhalten künstlich vernetzter Kollagenfasern (in Vorbereitung).

Nemetschek, Th., Hosemann, R.: A kink model of native collagen. Kolloid. Z. Z. Polymere **251**, 1044 (1973).

Nimnie, M., Deshmukh, K.: Differences in collagen metabolism between normal and osteoarthritic human cartilage. Science **181**, 751 (1973).

Nimni, M. E., Bavetta, L. A.: Collagen defect induced by penicillamine. Science **150**, 905 (1965).

O'Dell, B. L., Hardwick, B. C., Reynolds, G., Savage, J. E.: Connective tissue defect in the chick resulting from copper deficiency. Proc. Soc. exp. biol. and med. (NY) **108**, 402 (1961).

Olsen, B. R., Berg, R. A., Kivirikko, K. I., Prockop, D. J.: Structure of protocollagen proline hydroxylase from chickembryos. Eur. J. Biochem. **35**, 135 (1973).

Peterkofsky, B., Udenfriend, S.: Enzymatic hydroxylation of proline in microsomal polypeptide leading to formation of collagen. Proc. Nat. Acad. Sci. USA **53**, 335 (1965).

Piez, K., Bladen, H. A., Lane, J. M., Miller, E. J., Bornstein, P., Butler, W. T., Kang, A. H.: Brookhaven Symp. Biol. **21**, 345 (1968).

Ponseti, J. V., Shephard, R. S.: Lesions of the skeleton and of other tissues in rats fed sweet peas (Lathyrus odoratus seeds). J. Bone Jt. Surg. **36 A**, 1031 (1954).

Ramachandran, G. N., Bansal, M., Bhatnagar, R. S.: A hypothesis on the role of hydroxyproline in stabilizing collagen structure. Biochim. Biophys. Acta **322**, 166 (1973).

Rigby, B. J.: Effect of cyclic extension on the physical properties of tendon collagen and its possible relation to the biological aging of collagen. Nature **202**, 1072 (1964).

Schwarz, W.: Elektronenmikroskopische Untersuchungen der Altersveränderungen in der Media der menschlichen Aorta. Virchows Arch. **324**, 612 (1954).

Shields, G. S., Carnes, W. H., Cartwright, G. E., Wintrobe, M. M.: The dictary induction of cardiovascular lesions in swine. Cli. Res. **9**, 62 (1961).

Simpson, C. F., Harms, R. H.: Pathology of the aorta of chicks fed a copper deficient diet. Exp. Mol. Path. **3**, 390 (1964).

Smith, J. W.: Molecular pattern in native collagen. Nature (London) **219**, 157 (1968).

Spiro, R. G.: Characterization and quantitative determination of the hydroxylysine-linked carbohydrate units of several collagens. J. Biol. Chem. **244**, 602 (1969).

Spiro, R. G.: Glycoproteins: Their biochemistry, biology and role in human disease. J. Medicine (New England) **281**, 991 (1969).

Tanzer, M. L.: Cross-linking of collagen. Science **180**, 561 (1973).

Tanzer, M. L., Housley, T., Berube, L., Fairweather, R., Franzblau, C., Gallop, P. M.: Structure of two histidine-containing cross-links from collagen. J. Biol. Chem. **248**, 393 (1973).

Ward, A. R., Mason, P.: Influence of proline hydroxylation upon the thermal stability of collagen fragment α_1-CB2. J. Mol. Biol. **79**, 431 (1973).

Zachmann, H. G.: Der kristalline Zustand makromolekularer Stoffe. Angew. Chem. **86**, 283 (1974).

Sitzungsberichte der Heidelberger Akademie der Wissenschaften
Mathematisch-naturwissenschaftliche Klasse

Erschienene Jahrgänge

Inhalt des Jahrgangs 1962/64:

1. E. Rodenwaldt und H. Lehmann. Die antiken Emissare von Cosa-Ansedonia, ein Beitrag zur Frage der Entwässerung der Maremmen in etruskischer Zeit. DM 6.90.
2. Symposium über Automation und Digitalisierung in der Astronomischen Meßtechnik Herausgegeben von H. Siedentopf. DM 32.80.
3. W. Jehne. Die Struktur der symplektischen Gruppe über lokalen und dedekindschen Ringen. DM 15.40.
4. W. Doerr. Gangarten der Arteriosklerose. DM 11.40.
5. J. Kuprianoff. Probleme der Strahlenkonservierung von Lebensmitteln. DM 5.20.
6. P. Čolak-Antić. Dreidimensionale Instabilitätserscheinungen des laminarturbulenten Umschlages bei freier Konvektion längs einer vertikalen geheizten Platte. DM 14.40.

Inhalt des Jahrgangs 1965:

1. S. E. Kuss. Revision der europäischen Amphicyoninae (Canidae, Carnivora, Mam.) ausschließlich der voroberstampischen Formen. DM 38.80.
2. E. Kauker. Globale Verbreitung des Milzbrandes um 1960. DM 7.20.
3. W. Rauh und H. F. Schölch. Weitere Untersuchungen an Didieraceen. 2. Teil. DM 70.—.
4. W. Felscher. Adjungierte Funktoren und primitive Klassen. DM 18.—.

Inhalt des Jahrgangs 1966:

1. W. Rauh und I. Jäger-Zürn. Zur Kenntnis der Hydrostachyaceae. 1. Teil. DM 30.60.
2. M. R. Lemberg. Chemische Struktur und Reaktionsmechanismus der Cytochromoxydase (Atmungsferment). DM 4.80.
3. R. Berger. Differentiale höherer Ordnung und Körpererweiterungen bei Primzahlcharakteristik. DM 23.—.
4. E. Kauker. Die Tollwut in Mitteleuropa von 1953 bis 1966. DM 5.40.
5. Y. Reenpää. Axiomatische Darstellung des phänomenal-zentralnervösen Systems der sinnesphysiologischen Versuche Keidels und Mitarbeiter. DM 3.60.

Inhalt des Jahrgangs 1967/68:

1. E. Freitag. Modulformen zweiten Grades zum rationalen und Gaußschen Zahlkörper. DM 19.—.
2. H. Hirt. Der Differentialmodul eines lokalen Prinzipalrings über einem beliebigen Ring DM 9.30.
3. H. E. Suess, H. D. Zeh und J. H. D. Jensen. Der Abbau schwerer Kerne bei hohen Temperaturen. DM 4.20.
4. H. Puchelt. Zur Geochemie des Bariums im exogenen Zyklus. DM 54.—.
5. W. Hückel. Die Entwicklung der Hypothese vom nichtklassischen Ion. DM 11.20.

Inhalt des Jahrgangs 1968:

1. A. Dinghas. Verzerrungssätze bei holomorphen Abbildungen von Hauptbereichen automorpher Gruppen mehrerer komplexer Veränderlicher in eine Kähler-Mannigfaltigkeit. DM 8.20.
2. R. Kiehl. Analytische Familien affinoider Algebren. DM 7.40.
3. R. Düren, G.-P. Raabe und Ch. Schlier. Genaue Potentialbestimmung aus Streumessungen: Alkali-Edelgas-Systeme. DM 10.40.
4. E. Rodenwaldt. Leon Battista Alberti — ein Hygieniker der Renaissance. DM 11.80.

MIX
Papier aus verantwortungsvollen Quellen
Paper from responsible sources
FSC® C105338

If you have any concerns about our products,
you can contact us on
ProductSafety@springernature.com

In case Publisher is established outside the EU,
the EU authorized representative is:
Springer Nature Customer Service Center GmbH
Europaplatz 3, 69115 Heidelberg, Germany

Printed by Libri Plureos GmbH
in Hamburg, Germany